ANNALES

DU

CONSERVATOIRE

DES ARTS ET MÉTIERS

———

PARIS

LIBRAIRIE POLYTECHNIQUE DE J. BAUDRY, ÉDITEUR

15, RUE DES SAINTS-PÈRES

—

NOTE

SUR

DIVERSES VARIÉTÉS DE CAFÉ

ET EN PARTICULIER

SUR LES CAFÉS DU BRÉSIL.

PAR M. LE GÉNÉRAL MORIN.

Extrait des *Annales du Conservatoire des Arts et Métiers.*

Tous les hygiénistes sont aujourd'hui d'accord pour reconnaître les propriétés salubres et stimulantes du café, et pour désirer qu'il prenne une place de plus en plus importante dans l'alimentation.

L'expérience des dernières guerres, et surtout celle de notre armée d'Afrique, ont tellement montré les avantages de l'emploi de cette substance tonique, que son usage est devenu réglementaire dans les armées, lorsque le soldat est exposé à des fatigues ou à des causes spéciales d'insalubrité.

Déjà aussi l'usage du café, comme breuvage du matin, se répand heureusement parmi les populations ouvrières et tend à y remplacer, avec grand avantage pour la santé, la funeste habitude de boire, avant de se rendre au travail, de l'eau-de-vie qui agit d'une manière si fatale sur l'organisme.

Tout ce qui peut contribuer à développer l'usage, à accroître la consommation du café, comme substance alimentaire, présente donc un intérêt spécial au point de vue de l'hygiène publique.

Sous ce rapport, les progrès de sa culture et de sa production, l'extension de son commerce, la connaissance de ses qualités, méritent également l'attention. Si étrangère que soit l'étude de cette question à nos occupations habituelles, l'on ne s'étonnera donc pas que nous ayons cru devoir y apporter un soin particulier, lorsqu'elle nous a été soumise au sujet des cafés que nous fournit l'empire du Brésil.

Importance de la production du café au Brésil.

La production du café a pris dans cette riche et fertile contrée un tel développement qu'en moins de 40 ans, de 1834 à 1871, elle s'est élevée du chiffre de 47 581 tonnes à celui de 229 209 tonnes, c'est-à-dire qu'elle est devenue environ quatre fois plus considérable et qu'elle s'accroît encore rapidement d'année en année.

Au prix moyen, assez faible, de 1 fr. 50 le kil., payé au port d'embarquement, cette production agricole représente une valeur annuelle d'environ 244 millions de francs. En 1871, la consommation totale de café n'était évaluée qu'à 440 000 tonnes, et l'on verra plus loin que le Brésil seul en fournit la moitié.

D'après les documents officiels récemment publiés dans l'ouvrage intitulé *le Brésil à l'Exposition de Philadelphie*, la production du café dans cet empire dépasserait de beaucoup les chiffres précédents.

On y trouve, en effet, les résultats suivants, relatifs aux exportations de cette denrée :

DÉSIGNATION.	QUANTITÉS.	VALEURS.	PRIX MOYEN du KILOGRAMME.
Périodes { 1870 à 1872...	131.405.379ᵏ	217.029.966ᶠ	1ᶠ 65
biennales, { 1872 à 1874...	188.079.068	320.150.360	1 70
Augmentation......	56.673.689	103.120.400	»

L'on remarque que, par suite de la faveur justement croissante dont jouissent aujourd'hui les cafés du Brésil sur le marché européen, leur prix de vente s'est élevé, dans ces dernières années, de 1 fr. 50 à 1 fr. 65 et 1 fr. 70 le kilogramme.

Les agriculteurs brésiliens ne se sont pas contentés de développer la production du café, et ils ont successivement recherché et mis en usage des moyens perfectionnés pour le récolter, le sécher et le préparer pour la vente.

L'on en trouvera la preuve dans le mémoire publié en 1873, par M. le docteur Joaquim Moreira, sous le titre de *Considérations sur l'histoire, la culture du caféier, et la consommation de ses produits*. Aussi, les cafés que le Brésil livre au commerce sont-ils aujourd'hui remarquables par l'uniformité, la régularité et la propreté de leur grain.

Le sol et le climat de ce pays sont tellement favorables à cette culture, qui ne s'y est réellement propagée cependant d'une manière sérieuse que depuis moins de 50 ans, qu'on peut prévoir le moment prochain où ce pays deviendra le maître du marché, et que l'abondance toujours croissante de sa production déterminera en même temps une baisse de prix et le développement si désirable de la consommation de cette denrée salubre et stimulante.

Sous ce point de vue, nous devons regretter qu'à l'inverse de ce qui se pratique en Angleterre, en Hollande et ailleurs, où le café n'est soumis qu'à des droits insignifiants, les exigences momentanées, il faut l'espérer, du budget de la France l'aient obligée à frapper cette denrée de droits exorbitants qui en doublent presque le prix, attendu que son usage ne doit plus être considéré comme une consommation de luxe, mais comme celui d'une denrée de première utilité.

On conçoit facilement, dès lors, combien la question dont nous allons nous occuper a dû nous présenter d'intérêt, abstraction faite de celui que nous inspire un pays si sympathique à la France.

Il n'est pas hors de propos cependant de faire connaître par quelle circonstance accidentelle nous avons été conduit à nous en occuper.

Origine de ces recherches.

Au mois de septembre 1877, le ministre plénipotentiaire du Brésil à Paris nous adressa M. F. Leite Ribeiro Guimaraës, habile propriétaire agriculteur de la province de Rio, qui nous pria de faire examiner, aux divers points de vue que la question comporte, deux variétés de café, sur lesquelles l'attention des producteurs de ce pays était appelée depuis 1874 ; l'une, à baies rouges, désignée sous le nom de café *vermelho*, et le plus ordinairement cultivée ; l'autre, à baies jaunes, appelée café *amarello*, récemment trouvée dans des forêts vierges.

Jusqu'à cette époque, les agriculteurs brésiliens avaient regardé, en effet, comme type unique du café qu'ils cultivaient celui dont les baies sont d'un rouge cerise plus ou moins foncé au moment de leur maturité complète, et qui comprenait d'ailleurs toutes les variétés connues dans le pays.

C'était, en conséquence, avec quelque surprise qu'en mai ou juin 1871 on avait trouvé dans les forêts à peu près vierges de Botucatu, province de Saint-Paul, des caféiers sauvages dont les fruits complètement mûrs étaient d'une couleur jaune très prononcée, ce qui fit donner à cette variété le nom de café amarello, ou jaune, par opposition à celui du café vermelho ou rouge, attribué à l'espèce ordinaire.

Un botaniste brésilien, M. Corréa de Mello, chercha, par l'analyse chimique, à déterminer la proportion de caféine contenue dans ces graines, comparativement à celle qui se trouve dans le café rouge ou vermelho.

De ses recherches, il se crut autorisé à conclure qu'outre l'avantage important d'un arome plus prononcé, le café jaune ou amarello avait celui de contenir une plus grande proportion de la substance tonique désignée sous le nom de caféine.

Des recherches poursuivies pendant plusieurs mois au laboratoire de notre confrère M. Péligot, tout en mettant en évidence les difficultés que présente encore la détermination exacte de la proportion de caféine, et l'insuffisance des procédés d'analyse employés jusqu'à ce jour par plusieurs chimistes, qui se sont occupés de la question, semblent justifier l'opinion émise par M. Corréa de Mello.

Mais un fait remarquable, observé récemment par M. L. Guimaraës, parait indiquer que le fruit du café amarello ou jaune serait notablement plus riche en principe sucré que celui du café vermelho ou rouge.

Il existe, en effet, au Brésil une très grande quantité de fourmis rouges, très avides du sucre que contiennent la canne et d'autres végétaux.

Or, des échantillons des deux variétés de café à comparer, récoltés en même temps et encore munis de leur pulpe, ayant été conservés dans des boîtes pareilles et dans un même lieu, l'on a reconnu quelque temps après, en ouvrant ces boîtes, que la pulpe du café amarello ou jaune avait été attaquée et presque complètement dévorée par ces petits insectes, tandis qu'ils avaient respecté celle du café rouge ou vermelho.

Si la proportion de principe sucré que contiennent les baies du café a, comme il est naturel de le penser, une influence favorable sur la qualité et l'arome de ces fèves, l'on voit que l'intervention de ces fourmis dans la question corroborerait l'opinion du naturaliste brésilien et les résultats de l'analyse chimique, en même temps que les conclusions des essais de dégustation, que nous ferons connaître plus loin.

Les avantages de la nouvelle variété de café ne se borneraient pas, d'après M. Guimaraës, à ces propriétés déjà précieuses.

Cet habile agriculteur ayant obtenu quelques-uns des fruits de ce café sauvage, quatre seulement, en avait semé les graines dans sa propriété, voisine de Rio-de-Janeiro.

Ces semences, en fructifiant, présentèrent un développement bien plus rapide que celui des graines ordinaires et donnèrent, après vingt mois seulement de plantation, une récolte plus abondante que celle des plantes ordinaires de six ans. Après ce court intervalle de temps, les nouveaux caféiers avaient atteint une hauteur de plus de deux mètres, à laquelle ne parviennent les arbustes ordinaires qu'après cinq ou six ans. Cet agronome fait remarquer, d'ailleurs, que le terrain qu'il consacrait à ces essais comparatifs, situé près du littoral de la province de Rio, n'est pas, à beaucoup près, dans des conditions de fertilité et de douceur climatérique aussi favorables que les terres de l'intérieur et qu'aucun moyen spécial n'avait été employé pour en augmenter la richesse.

Les graines du nouveau café avaient été semées comparativement dans les mêmes terrains que celles du café rouge ordinaire et soignées dans des conditions identiques.

M. Guimaraës ajoutait que les caféiers jaunes et encore jeunes qui, en 1874, lui avaient déjà donné une bonne récolte, en avaient produit une plus abondante encore en 1875; offrant ce résultat nouveau, pour la contrée, de la reproduction du fruit sur les mêmes axilles qui avaient fructifié l'année précédente, tandis que le caféier ordinaire, parvenu à son état normal, ne produit pas deux bonnes récoltes successives, dont l'intervalle est souvent de près de quatre ans, sans que jamais, dit-il, la fructification ait lieu d'une année à l'autre sur les mêmes axilles.

Les résultats obtenus par la culture de ce nouveau café ont naturellement excité l'attention de l'agriculture et du commerce brésiliens, et il était d'un grand intérêt de reconnaître si, à la précocité, à l'abondance de la production [1], à son arome agréable, la nouvelle variété réunissait la propriété d'être aussi riche en caféine que le café rouge, dont la culture de plus en plus développée est devenue une source croissante de richesse pour le Brésil.

Tels furent les motifs qui engagèrent, en 1875, M. Ribeiro Guimaraës à demander le concours du Conservatoire des arts et métiers pour la solution de cette question intéressante.

Après en avoir conféré avec mon savant confrère, M. Péligot, qui s'était antérieurement occupé de l'étude des propriétés chimiques et physiologiques du thé, nous résolûmes de donner à cette question, aujourd'hui si importante pour les pays de production, pour notre commerce et pour l'hygiène publique, l'attention qu'elle méritait et d'étendre les recherches, qui nous étaient demandées, aux principales sortes de café qui entraient dans la consommation en France.

Difficultés de la question.

Cette comparaison des diverses variétés de café de différentes provenances est en elle-même une question assez complexe et délicate, car elle se compose de deux parties très distinctes, dont l'une, la détermination de la proportion de cette substance amère qu'on nomme la caféine, est du ressort de l'analyse chimique, et dont l'autre, l'appréciation de la saveur ou de l'arome, est essentiellement influencée par le goût personnel et par l'habitude des consommateurs, en même temps qu'elle dépend beaucoup des soins apportés à la culture, à la récolte, de l'état de siccité, de l'âge plus ou moins avancé de la graine, du mode de préparation de l'infusion.

1. Au sujet de la précocité et de l'abondance, de la production et de l'arome, il conviendra de s'assurer, si, comme pour d'autres végétaux transportés d'un sol pauvre dans un terrain plus riche, la supériorité du café jaune ne diminue pas avec le temps. Dans le cas où elle s'amoindrirait, il faudrait recourir à la graine sauvage pour la reproduction.

La première partie était du ressort de la chimie organique, et notre confrère, M. Péligot, avait bien voulu se charger de la direction des analyses délicates qu'elle comporte.

Malheureusement, après de nombreux essais, il a reconnu que les divers procédés employés jusqu'à ce jour pour parvenir à une détermination exacte de la proportion de caféine sont loin d'avoir à ses yeux une précision suffisante, et ne conduisent même pas à des résultats assez régulièrement comparatifs pour qu'on puisse en tirer des conséquences utiles.

Sans renoncer à voir examiner encore la question à ce point de vue, il y a donc lieu, quant à présent, pour la chimie, de se borner à poursuivre la recherche de procédés plus précis, et nous sommes ainsi conduits à nous contenter d'étudier le côté spécial qui concerne la consommation, question compliquée aussi par beaucoup d'éléments divers, parmi lesquels le côté commercial a une importance considérable qu'il est bon de signaler de suite.

Consommation du café en France.

Il résulte, en effet, des états publiés par l'administration des douanes que le commerce total de la France en cafés divers s'est élevé, en 1874 et 1875, aux chiffres suivants :

DÉSIGNATION.	1874.	1875.
Consommation en France.........	38.708.912^k	48.013.197^k
Exportation.................	28.274.656	43.195.929
Total...........	67.083.568	91.209.126

Cette consommation, en France, est alimentée par des provenances diverses et dans les proportions suivantes :

PAYS DE PROVENANCE.	1874.		1875.	
	QUANTITÉS	Proportion à la consommation TOTALE.	QUANTITÉS.	Proportion à la consommation TOTALE.
	kilog.		kilog.	
Égypte et Afrique........	1.222,865	0.031	1.530,472..	0.034
Indes Anglaises..........	5.328,080	0.137	7.524,383..	0.156
Indes Hollandaises.......	1.446,551	0.037	1.226,717..	0.026
Brésil...................	8.914,335	0.230	11.622,519..	0.243
Guatémala... 392.751			254.625	
Vénézuéla... 3.119.047 } 4.547,234		0.117	5.261.310 { 3.865.485 }	0.100
N^{lle}-Grenade. 1.035.436			1.141.240	
Haïti....................	11.199,433	0.290	13.057,993..	0.270
Guadeloupe.. 288.151			157.543	
Martinique.. 84.119 } 796.100		0.021	370.436 { 31.066 }	0.008
Réunion.... 423.830			181.827	
Diverses................	5.144.294		7.419.665..	0.154
Total............	38.708.812		48.013.197..	1.000

La valeur réelle de cette quantité de café consommée est à son arrivée en France :

La valeur réelle de cette quantité de café consommée est à son
arrivée en France :

DÉSIGNATION.	1874.	1875.
Estimée à...................	88.236.320^f	105.148.901^f
Les droits perçus à l'entrée s'élèvent à...................	60.634.324	75.033.243
Total............	148.920.644	180.182.144

Ce qui met le prix moyen à 3 fr. 85 le kilogramme en 1874, et
à 3 fr. 75 en 1875.

On voit par ces chiffres que, si la production est une source de
fortune pour les pays qui fournissent cette denrée, les droits
actuellement perçus ne sont pas moins profitables au Trésor et
s'élèvent à 70 ou 71 pour cent environ du prix de revient en
France. C'est beaucoup plus que pour le vin, et bien plus qu'il
serait désirable au point de vue de la santé publique, comme
nous l'avons dit plus haut.

Augmentation de la consommation du café en France.

On remarquera sans doute avec satisfaction, au point de vue gé-

néral de l'hygiène, que la consommation en France s'est accrue de
38,078,912 kil. à 48,013,197 kil. soit 10,065,715 kil. ou de 0,26
dans l'espace d'une seule année, de 1874 à 1875. A l'inverse, on
verra que, dans cette consommation de la France, les cafés
d'Égypte, de la côte orientale d'Afrique, connus sous le nom générique de cafés Moka, n'entrent que pour 0,031 en 1874, et que
pour 0,034 en 1875, et ceux des colonies françaises, la Guade-
loupe, la Martinique et la Réunion, ensemble, en 1874, pour
0,021, et en 1875 pour 0,008 seulement. Ce qui indique que dans
nos colonies la production décroît notablement. Mais on peut
assurer que sous le nom de cafés Moka, de Martinique ou de la
Réunion, il se vend dans le commerce de bien plus grandes proportions de cafés d'autres provenances, dont les qualités permet-
tent cette fraude commerciale, assez innocente du reste. Il en est
ainsi des cafés du Brésil, qui ne figurent dans cet état, en 1874,
que pour 8,914,333 kil., et en 1875 pour 11,622,319 kil. D'an-
ciens préjugés, que le peu de soins apportés autrefois à la récolte
justifiaient en partie, mais qui sont à peu près dissipés aujour-
d'hui, avaient conduit le commerce à les livrer comme café
d'Haïti, dont l'introduction s'élevait, en 1874, à 11,199,433 kil.
et en 1875 à 13,057,335 kil., tandis que ceux-ci leur sont en réalité inférieurs de qualité, comme on le verra plus loin. Le commerce est du reste aujourd'hui mieux édifié sur ce point.

Influence de l'âge.

Il en est des cafés bien récoltés de même que pour les vins, et
surtout pour les vins généreux, l'âge en améliore la qualité, et
une fois qu'ils sont parvenus à un degré de siccité convenable,
ils se conservent indéfiniment.

On verra que nous en avons eu un exemple remarquable dans un
échantillon parfaitement authentique, qu'une circonstance per-
sonnelle a mis à notre disposition, et qui provenait d'un présent
fait, en 1829, à l'amiral de Rigny, après le combat naval de Na-
varin. On en trouvera la preuve plus loin.

Si, de même que le vin, le café n'acquiert ses qualités pour le
consommateur que quand il a subi l'épreuve du temps, cette con-
dition est aussi un obstacle à ce que le commerce le livre dans les
meilleures conditions désirables.

En effet, les cafés les plus secs, dont la couleur est, en général, jaune pâle, ont une densité gravimétrique, déterminée sans tassement, d'environ 500 grammes au décimètre cube, tandis que ceux qui ont une apparence verdâtre, et dont la récolte ne date pas de plus d'un à deux ans, pèsent en moyenne 680 grammes à 700 grammes, et parfois plus au décimètre cube.

Or, le café se vendant toujours au poids, le producteur et le commerce ont intérêt à le livrer nouveau ou vert, parce que le consommateur ordinaire ne voudrait pas payer la différence de prix correspondant à celle de la densité.

Cela est si vrai, que les marchands des très bons cafés de la côte d'Afrique, dits *moka de Zanzibar*, ne peuvent habituellement livrer que des cafés de deux ans au plus, au prix de 4 fr. 80 le kilogramme, et rarement à la densité de 500 grammes, parce que si les cafés étaient parfaitement secs, ils vaudraient plus de 6 fr. 50, en tenant compte de la perte par dessiccation et de l'intérêt de leur prix d'achat.

A l'appui de ces observations, nous donnerons le tableau suivant des densités gravimétriques ou du poids du décimètre cube des différents cafés que nous avons examinés, avec l'indication approximative de leur âge depuis la récolte et du nombre de grains au décilitre.

Ce dernier renseignement, sans être bien important, n'est cependant pas indifférent à connaître, attendu que les variétés les plus fines de goût sont, en général, celles dont le grain est le plus petit, sauf certaines exceptions que nous signalerons.

Densité gravimétrique des cafés vieux.

NUMÉROS.	PROVENANCES.	DATE de la RÉCOLTE.	ÉTAT ET GROSSEUR DES GRAINS.	DENSITÉ gravimétrique.	NOMBRE DE GRAINS au décilitre.
1	Moka (amiral de Rigny)	1828 au plus tard	Grains réguliers, fins	500 gr.	510
2	Moka d'Aden (Messageries)	1874	Très mêlés, médiocrement récoltés	606	554
3	Moka de Zanzibar (Missionnaires)	1874	Id. id.	600	476
4	Java	1874	Grains réguliers, gros	455	338
5	Réunion	1869	Grains réguliers, fins, légèrement pointus aux extrémités	630	488
6	Brésil	1873	Grains réguliers, gros	522	294
7	Brésil de Gantagallo	1866 à 1871	Id. id.	625	
8	Brésil, N° 16. 8 ans	1867	Id. id.	460	310
9	Province N° 17. 4 ans	1871	Id. id.	544	292
10	de Rio. N° 18. 3 ans	1872	Id. id.	586	354
11	Venezuela	1865	Grains réguliers ovoïdes, moyens	654	
12	San-Salvator	1873	Id. id.	662	400
13	Cochinchine		Grains petits, réguliers	614	514
14	Rio-Nunez		Id. id.	580	618
15	Nossi-Bé	inconnue	Grains irréguliers, moyens	534	432
16	Nossi-Bé (café sauvage)	mais	Grains réguliers ovoïdes, très petits	440	552
17	Gabon	tous très secs.	Grains irréguliers, gros	490	336
18	Kanola (Nouvelle-Calédonie)		Grains réguliers, moyens	570	442
19	Gabon				
20	Brésil (Capa Santo-Spirito, N° 10)	1873	Grains réguliers, gros, probablement desséchés artificiellement	567	318
21	Ceylan (Province de Galles)	moyen¹. sec.	Grains réguliers, fins	580	452
			Moyennes	530	444

Densité gravimétrique des cafés jeunes et verts.

NUMÉROS.	PROVENANCES.	DATE de la RÉCOLTE	ÉTAT ET GROSSEUR DES GRAINS.	DENSITÉ gravimétrique.	NOMBRE DE GRAINS au décilitre.
	PROVINCE DE RIO.			gr.	
8	Grenu.⎫	1875	Grains réguliers, fins..................	674	316
9	Plat...⎬ M. de Rocha-Leão..............	1875	Id., plus petits que les précédents...	688	406
11	Rond.⎭	1875	Grains réguliers ovoïdes, fins, fève unique....	692	400
14	M. Friburgo et fils...............	1875	Grains réguliers, gros, couleur olive assez forte.	708	390
15	Id. Id.............	1875	Id. Id............	700	386
13	Cafés lavés. { MM. Friburgo et fils..........	1875	Grains réguliers, gros, vert olive clair.........	676	398
11	Baron de Rio-Bonito.........	1875	Id. Id........	698	396
20	Comte de Paulo Santos......	1875	Id. Id........	694	384
12	Santos Paiva..................	1875	Grains réguliers, fins, un peu ovoïdes.......	624	466
5	Colonel Rib. de Avilas............	1875	Grains réguliers, gros........	672	398
7	Dʳ Christobal Correa-Castro........	1875	Id. Id........	670	458
2	E. Alves Barbosa................	1875	Grains réguliers, moyens.........	684	398
3	Vᵉ Barra Mario.................	1875	Id. Id........	678	410
21	1ᵉʳ Maxid° Max°..............	1875	Grains réguliers, gros........	657	338
22	Lucio Corrêa et Castro............	1875	Vert olive, Id.........	678	370
23	F. Leite Guimarães.............	1875	Id. Id.........	698	398
24	C. Antº Estiver................	1875	Id. moyens.........	694	418
	Café Amarello (jaune), de M. Guimarães..	1875	Id. gros.........	610	588
	Café Vermelho (rouge)............	1875	Id. Id.........	665	480
1	Province de Mina Garaés............	1875	Grains réguliers, fins........	672	414
4	Id. Id.............	1875	Id. Id........	620	412
6	Id. Id.............	1875	Id. Id........	668	380
			Moyennes..............	646	395

Observation. — Tous les cafés du Brésil indiqués dans cette note comme cafés jeunes ou verts venaient effectivement de la récolte de l'année même, parce qu'au Brésil cette opération commence en avril ou mai et qu'elle se prolonge parfois jusqu'en septembre, même en novembre, par suite d'irrégularités dans la maturité. L'on a soin de ne cueillir les fruits qu'au fur et à mesure de cette maturité, de sorte que l'opération dure environ six mois.

Densité gravimétrique des cafés divers (suite).

PROVENANCES.	DATE de la récolte.	ÉTAT ET GROSSEUR DES GRAINS.		DENSITÉ gravimétrique	NOMBRE de grains au décilitre.
Brésil, M. de Nioac. }	1873	Grains réguliers ovoïdes, fins.		682	412
	1873	Grains réguliers, plats, fins .		662	424
Guadeloupe.............	1873	Id.	gros......	660	382
Martinique...............	1873 à 1874	Id.	moyens...	630	414
Haïti. { Cayes........	1874	Id.	gros......	610	381
Saint-Marc.......	1874	Id.	id......	642	358
Cap...........	1874	Id.	id......	646	416
Zanzibar (de la Cie Lombard).	1874	Id.	fins.......	665	502
		Moyennes générales....		672	369

De la forme générale des grains de café.

Il était intéressant de savoir si la forme apparente des grains du café pouvait servir à en reconnaître la provenance et la variété. J'ai eu recours, à cet effet, à l'expérience de mon savant confrère, M. Duchartre, l'illustre botaniste, et je l'ai prié d'examiner, sous ce point de vue, un certain nombre de cafés, dont la provenance m'était bien connue.

Dans ce but, je lui ai remis des échantillons des variétés suivantes :

Moka très-ancien, moka de Zanzibar, Réunion, Martinique, Ceylan, Java, Saint-Domingue, Brésil, de MM. Rocha Leao, Friburgo et Leite Guimaraës.

Je transcris ici le résultat de cet examen :

« Les dix échantillons envoyés ne présentent entre eux, quant
« à l'apparence extérieure, que des différences peu prononcées,
« et je doute qu'à l'exception d'un ou deux cas on puisse en tirer

« un caractère assez net pour faire reconnaître la provenance de
« chacun.

« La couleur fournirait peut-être un indice plus apparent et
« plus tranché, si on ne savait (comme on le verra plus loin)
« qu'elle est influencée par la nature du terrain, et que pour sa-
« tisfaire au goût de certains pays du Nord, les producteurs sont
« parfois conduits à donner à leur café une couleur olivâtre.
« L'organisation intérieure étant la même dans les grains de tous
« les échantillons, ainsi qu'on le constate en les coupant en tra-
« vers ou en long, il ne reste, comme moyen de comparaison,
« que l'examen des caractères extérieurs, dont on résumera les
« conséquences ainsi qu'il suit :

« 1° *Forme générale.* — Sous ce rapport, un seul échantillon
« se distingue au premier coup d'œil de tous les autres, c'est
« celui du café de la Réunion. Ses grains sont notablement plus
« allongés, relativement à leur largeur, et moins épais que tous
« les autres; de plus, leurs deux extrémités sont moins obtuses et
« moins arrondies et presque pointues, tandis que celles de toutes
« les autres variétés sont fortement émoussées et arrondies. »

On verra cependant, un peu plus loin, que le café de Vénézuéla
et qu'un des échantillons du Brésil, fourni par M. de Rocha Leao,
se présentent dans une très grande proportion sous la forme très
caractérisée de grains complètement arrondis ou ovalaires, qui
ont fait l'objet d'un examen particulier de la part de M. Duchartre.

2° *Égalité ou inégalité des grains.* — L'apparence, sous ce rapport, dépend évidemment beaucoup des soins donnés à la culture et surtout à la récolte. Les cafés du Brésil, en général, et
l'on pourrait dire sans exception, sont remarquables quant à la
netteté, à la régularité des grains. Ceux de Saint-Domingue et de
la Martinique sont aussi assez égaux. Mais il en est tout autre-
ment des différentes variétés de café Moka et même de celui de la
Réunion, quoique ce dernier soit bien trié quant au mélange de
grains ou de corps étrangers.

3° *Grosseur des grains.* — On a vu dans les tableaux précédents
que certains cafés du Brésil sont à gros grains, mais qu'en général ils sont de grosseur moyenne de 400 à 450 grains au décilitre, parmi ces derniers sont ceux qui ont paru les plus fins à la
dégustation.

Les cafés moka et ceux de la Réunion sont aussi notablement plus petits.

4° *Proportion des grains ronds.* — Certains cafés ayant particulièrement attiré notre attention sous ce rapport, nous avons aussi soumis la question à notre confrère M. Duchartre, qui a bien voulu nous répondre dans les termes suivants :

« La baie du caféier renferme normalement deux graines, vul« gairement appelées *fèves*, qui se trouvent situées en face l'une « de l'autre. Il en résulte que les deux faces en regard étant for« cément planes, chaque graine a une face interne plane et une « face externe convexe. La ligne d'union des deux faces forme « une arête légèrement émoussée. Mais il arrive sur **certains** « pieds, qui paraissent même avoir donné lieu à des **races**, que « l'une des deux graines avorte constamment. Dans ce cas, la « graine restée seule n'étant nullement gênée dans son dévelop« pement par une antagoniste infléchit fortement ses deux côtés, « et il en résulte que la section transversale de cette graine de« vient à peu près circulaire, tandis que celle des graines nor« males est simplement demi-circulaire.

« Il semblerait que, dans les cafés formés ainsi de graines qui « sont venues seules dans leur baie, les grains dussent être plus « gros comme ayant été mieux nourris, mais il n'en est rien. »

En effet, en jetant les yeux sur les tableaux précédents, dont nous reproduisons quelques chiffres dans le suivant, on reconnaît que les densités gravimétriques et les nombres de grains au décilitre sont à peu près les mêmes pour les cafés ordinaires et pour les cafés ronds du même âge au même état de siccité.

Il convient d'ailleurs de faire remarquer que, dans les variétés désignées sous le nom général de café rond, la plus grande partie des graines a réellement cette forme, quoique l'on y trouve toujours quelques grains plats, de même que dans les cafés ordinaires il y a aussi une certaine proportion de grains ronds.

Le tableau suivant donne pour quelques variétés, et en particulier pour les cafés ronds, la proportion approximative des deux sortes de grains.

Proportion des grains plats et des grains ronds dans certains cafés.

PROVENANCE.	AGE depuis la récolte.	DENSITÉ gravimétrique.	NOMBRE de grains au décilitre.	PROPORTION DES GRAINS.	
				PLATS.	RONDS.
		gr.			
Moka,.....................	1829	500	510	62	32
Réunion..................	1869	630	488	94	6
Brésil ordinaire.........	1872	522	294	92	8
Brésil de Minas Géraës...	1875	680	442	90	5
Brésil, Rocha Leao, rond.	1875	692	400	4	96
Id. plat.	1875	688	406	100	0
Vénézuéla................	1865	654	400	25	75
San-Salvador............	1873	662	»	19	81
Nossi-Bé, cultivé........	très sec.	584	432	93	7
Nossi-Bé, sauvage.......	très sec.	440	752	67	33
Moka Zanzibar...........	1874	604	502	91	9
(Province de Rio) de M. de Nioac,................	1873	668	424	93	7
Ceylan (Pointe de Galles).	moyen sec	580	452	90	10

Ce tableau montre, avec évidence, qu'il y a effectivement certaines variétés de cafés dont le grain rond et unique est le type, le grain plat n'étant que l'exception. Tels sont ceux obtenus au Brésil par M. de Rocha Leao, ceux de San-Salvador et de Vénézuéla.

L'on reconnaît aussi que dans les cafés fins le mieux cultivés, le nombre des grains plats domine d'autant plus que les soins apportés à la récolte ont été plus grands. Ainsi, dans le moka de choix donné, en 1829, à l'amiral de Rigny, le nombre de ces grains plats n'était que de 62 sur 100. Aujourd'hui, dans les mokas de Zanzibar, bien récoltés par les soins de la compagnie spéciale qui les exploite, il est de 91 sur 100. De même, pour le café de la Réunion, il est de 94 sur 100, pour celui de Ceylan de 90 sur 100, pour celui de Rio, qui a été donné par M. de Nioac, de 93 sur 100. Enfin, le café dit plat, de M. Rocha Leao, paraît complètement exempt de grains ronds [1]. Un résultat analogue s'ob-

1. On m'a assuré d'ailleurs que chez cet habile propriétaire l'on exécute mécaniquement la séparation des grains plats ou ronds; ce qui expliquerait le résultat précédent.

serve sur la plupart des cafés du Brésil, et il est remarquable que
le café sauvage de Nossi-Bé présente aussi une proportion de
67 sur 100 de grains plats.

On a vu par les tableaux précédents que la densité gravimétrique moyenne des cafés secs est d'environ 530 grammes au décimètre cube, mais qu'elle s'abaisse parfois à 500 grammes et
au-dessous.

Parmi les cafés vieux, il en est quelques-uns dont la densité
gravimétrique excède de beaucoup la moyenne. De ce nombre
sont le moka d'Aden, de Zanzibar, le café de la Réunion et celui
de la Cochinchine.

Le tableau précédent relatif aux cafés jeunes ou verts, ou récoltés depuis moins d'un an, montre combien la densité est
influencée par l'âge, puisque pour les cafés d'un an de récolte la
valeur moyenne est de 669 grammes, soit 670 grammes au décimètre cube, tandis que pour certains cafés vieux cette moyenne
ne s'élève qu'à 559 grammes; ce qui établit entre le poids du
décimètre cube une différence de 110 grammes ou d'environ
21 pour cent, et obligerait à vendre de 5 fr. à 6 fr. le kilogramme
des cafés vieux, tandis que la même variété de deux ans de
récolte ne vaudrait que 4 fr., y compris les droits de douane en
France.

On va voir cependant que pour d'autres cafés très bons, tels
que ceux de MM. Friburgo et fils, la perte par dessiccation après
dix à onze ans ne s'élève guère qu'à 0,10.

Effets de la dessiccation naturelle des cafés.

MM. Friburgo et fils ayant bien voulu nous envoyer récemment
des échantillons de leurs cafés de Cantagallo des années 1866,
1867, 1868, 1870, 1871, 1872, 1873, 1875, c'est-à-dire de huit
récoltes différentes, il nous a été possible de constater, qu'abstraction faite de l'influence parfois très sensible des variations de la
saison, et des circonstances dans lesquelles la récolte a été faite,
la densité gravimétrique du café de ces producteurs, qui, en 1876,
avait été trouvée pour ceux de 1875 voisine de 700 grammes au
décimètre cube pour les cafés non lavés, n'était plus après cinq
ou six ans que de 625 grammes, et qu'à partir de cet âge elle
cessait de diminuer sensiblement.

Elle a été en effet trouvée, en 1877, pour le café des années :

	1866.	1867.	1868.	1870.	1871.
Ou après.. —	11 ans,	10 ans,	9 ans.	7 ans.	6 ans.
Égale à.... =	627 gr.	637 gr.	618 gr.	616 gr.	622 gr.

Moyenne générale 625 grammes au décimètre cube.

Il résulte donc de cette comparaison que le café conservé en lieu sec arrive à un état normal de siccité après cinq ans environ, et que c'est à cet âge qu'il convient seulement de le consommer.

Cet état est d'ailleurs généralement manifesté, comme nous l'avons dit, par la couleur apparente du café, qui devient alors jaune plus ou moins clair, suivant la nature du sol où il a crû et celle du climat.

Ainsi les cafés moka ont une teinte jaune-orange tirant un peu sur le rouge, dont ceux de M. Friburgo de Cantagallo et ceux de la Martinique s'approchent un peu, tandis que ceux de la Réunion sont d'un jaune plus pâle, et que ceux du Brésil, du district de Campinas, sont tout à fait pâles.

Mais on voit en même temps que la perte de poids par la dessiccation naturelle s'élève en moyenne à environ 0,10 de celui qu'a le café après la récolte, lorsqu'il est livré au commerce.

Il convient de rappeler, comme chacun le sait, que l'âge des cafés n'a pas seulement pour résultat de leur enlever une partie de l'humidité qu'ils contiennent naturellement. Il a surtout pour effet de leur faire perdre cette saveur particulière et désagréable qu'on désigne sous le nom de goût de *vert*, tout en leur conservant l'arome particulier à chaque variété.

C'est ce qui, pour les consommateurs, donne une valeur particulière aux vieux cafés conservés dans des lieux secs, et doit engager les vrais amateurs à s'approvisionner longtemps d'avance de café comme de vin.

Observation relative à l'influence du sol sur la couleur des cafés.

Si l'âge des cafés ou le temps écoulé depuis l'époque de la récolte se manifeste d'ailleurs la plupart du temps par leur couleur plus ou moins voisine du jaune clair, il convient de remarquer, comme nous l'avons fait, qu'ils atteignent cette teinte à des époques différentes, suivant leur couleur primitive plus ou moins foncée, selon la nature du sol et selon le climat.

D'après des renseignements qui m'ont été communiqués par un propriétaire éclairé du Brésil, et conformément aux indications données par le docteur J. Moreira, il existe dans la couleur et la qualité du café de ce pays des différences notables, principalement dues à la nature du sol et à l'exposition.

Voici ce que dit Moreira :

« Généralement, le caféier cultivé dans les terrains bas donne « un fruit plus développé, d'une couleur foncée et d'une saveur « peu prononcée. Celui que l'on cultive dans les terrains élevés « donne de petites graines blanchâtres ayant un goût et un « arome très forts et très agréables. »

Les terres moyennement légères et siliceuses paraissent être les plus favorables à sa qualité. Celles qui sont trop riches en humus et qui ont l'aspect noirâtre fournissent des cafés moins fins, et dont la coloration plus foncée persiste plus longtemps.

Ces circonstances nous ont expliqué les grandes différences que nous remarquions, quant à la couleur des diverses variétés de de cafés qui nous avaient été envoyées.

Salubrité des terrains propres à la culture du café.

Il résulte du passage de l'ouvrage de Moreira, que nous venons de citer, que les terrains propres à la production des meilleurs cafés sont les sols élevés, les terres légères et siliceuses, et par conséquent ceux qui réunissent aussi les meilleures conditions de salubrité.

Ce dernier point de vue, étranger à la question qui nous occupe, mérite cependant l'attention sous les rapports de la colonisation et de l'immigration pour laquelle la réputation d'insalubrité, injustement étendue à tout le pays, n'est nullement fondée. L'on voit, en effet, que les agriculteurs qui voudraient se livrer, au Brésil, à la culture si facile et si fructueuse du café y trouveraient à la fois profit et sécurité.

Essais de dessication artificielle.

L'ensemble de ces observations et la considération de l'augmentation du prix des cafés qui serait la conséquence du déchet de 0,10, résultant de la dessiccation naturelle pendant cinq ans, jointe à celle de la perte d'intérêt durant ce long intervalle, m'ont engagé à rechercher si par des moyens simples, rapides et peu dispendieux, l'on ne pourrait pas parvenir à enlever au café nouveau, en très grande partie au moins, le goût de vert qui le déprécie.

A cet effet, j'ai eu recours au procédé employé pour la dessiccation et la conservation des légumes frais : l'étuvage et la ventilation.

Les essais ont été faits avec soin dans l'usine de M. Groult aîné, habile fabricant de pâtes alimentaires, qui, pour un autre produit aussi abondant qu'important de cette contrée, a dans le Brésil des relations commerciales qu'il se propose d'étendre au grand avantage des deux nations amies.

Les premiers de ces essais ont été exécutés sur des cafés de Cantagallo de MM. Friburgo et fils, qui m'avaient été envoyés en 1876, et provenaient de la récolte de 1875. Les échantillons choisis étaient du café lavé et du café non lavé de ces producteurs.

Dans de premiers essais, la température de l'étuve a été maintenue entre 70° et 75°, mais la ventilation n'avait lieu que pendant le jour ou la moitié du temps. Le café était étendu sur des toiles métalliques, de sorte qu'il était également aéré et chauffé en dessus et en dessous.

Les résultats de ces expériences sont résumés dans le tableau suivant :

Étuvage et ventilation des cafés à la température de 70° à 75°.

| DURÉE | | PERTE | | APPARENCE. |
| | | PAR DESSICCATION. | | |
l'étuvage.	la ventilation.	N° 13. Café lavé	N° 14. Café non lavé.	
96^h	48^h	0.102	0.102	Les deux échantillons déjà légèrement décolorés sont devenus jaunes rougeâtres, comme les cafés des mêmes producteurs de 1856, ou de onze ans d'âge.
144	72	0.102	0.090	
480	240	0.112	0.102	Les deux échantillons semblent avoir subi un léger commencement de torréfaction qui n'y a pas développé de goût.

La dégustation de ces cafés torréfiés au même degré et employés à dose égale que les cafés de même provenance, n° 13 et n° 14, a montré qu'après 95 heures seulement de séjour à l'étuve le goût de vert avait disparu, comme par la dessiccation naturelle prolongée. Mais en même temps, il a semblé qu'il serait plus nuisible qu'utile de prolonger l'opération au delà de ce terme, à moins qu'il ne s'agit de cafés tout à fait verts.

On arriverait ainsi à pouvoir livrer, peu de temps après la récolte, des cafés arrivés à très peu près au même état que s'ils étaient plus vieux de quatre à cinq ans. Il y aurait, il est vrai le même déchet de 10 pour cent que par la dessiccation naturelle prolongée, mais on éviterait la perte d'intérêt qu'elle occasionne. La dépense de combustible nécessitée par l'étuvage me semble de peu d'importance dans un pays où le combustible n'a qu'une faible valeur; mais ce chauffage exige des soins et des précautions, dont il pourrait être bon de se dispenser.

Le but principal de la dessiccation artificielle ne doit pas être d'enlever aux cafés nouveaux l'humidité qu'ils contiennent encore après la récolte, mais bien, s'il se peut, et surtout, le principe essentiel du goût de vert, et pour que l'opération s'introduise dans la pratique agricole, il faut la réduire aux termes les plus simples. Il m'a donc paru utile de chercher à la limiter à la ventilation par courant d'air à grande vitesse, à la simple température de 30° à 35°, qui est celle de l'air ambiant au Brésil, au moment de la récolte.

C'est dans cette intention que j'ai fait exécuter chez M. Groult les expériences suivantes :

Quatre échantillons de 500 grammes chacun des cafés de Cantagallo, envoyés par MM. Friburgo et fils, provenant de la récolte de 1875, ce qui leur donnait déjà deux ans d'âge, ont été mis dans les étuves dont la température a été maintenue à 30° ou 35°, et ils y ont été soumis à une ventilation active, qui ne s'exerçait que pendant les journées de la semaine, tandis que les cafés sont restés avec continuité jour et nuit dans l'étuve.

La durée de cette dessiccation a été différente pour ces échantillons, et les résultats de cette expérience sont consignés dans le tableau suivant :

DURÉE DE		PERTE par DESSICCATION.	APPARENCE ET OBSERVATIONS.
l'étuvage.	la ventilation.		
168ʰ	72ʰ	0.086	Ces quatre échantillons ont perdu à peu près le même poids dans l'opération, et leur apparence ne s'est pas modifiée sensiblement. Elle est restée celle de cafés de deux ans de récolte.
336	144	0.079	
504	216	0.082	
672	288	0.086	
		0.083	

A la dégustation et comparé, dans des conditions aussi identiques que possible, avec du café du même producteur de l'année 1871, c'est-à-dire après six ans d'âge de récolte, le café, ventilé à 30° ou 35° pendant trois ou quatre semaines, a paru aussi bon et de même qualité que celui de 1871, desséché naturellement.

Le café qui avait seulement subi quinze jours d'étuvage a semblé également débarrassé du goût de vert qu'il avait encore après deux années écoulées depuis sa récolte.

Pour appliquer les résultats de ces essais, le café devrait être, croyons-nous, déposé en couches de 0ᵐ,05 au plus sur des châssis garnis de toiles métalliques, qui laisseraient librement circuler l'air au-dessus, au-dessous et au travers des couches. Une étuve, ayant seulement quatre rangées de châssis de 1ᵐ,50 de largeur, disposées sur une longueur de 10 mètres, suffirait pour débarrasser ainsi du goût de vert, en un mois environ, 2 000 kil. de café ayant passé quelque temps au soleil.

L'on comprendra sans peine, qu'étranger aux conditions de la culture et de la récolte, je me contente d'appeler l'attention des producteurs de café sur les conséquences à tirer des observations précédentes. Eux seuls peuvent en apprécier l'utilité.

Préparation du café.

Les soins donnés à la préparation des cafés sont, on le sait, d'une très grande influence sur l'appréciation qu'on peut faire de leurs qualités; aussi nous excusera-t-on d'entrer à ce sujet dans quelques détails.

L'opération la plus importante est celle de la torréfaction, qui doit être faite dans l'appareil appelé brûloir, sur un feu de charbon de bois assez vif et surtout bien constant, et en tournant l'appareil d'un mouvement lent mais continu. L'on doit s'attacher à obtenir une teinte marron, peu foncée, bien uniforme, qui cependant ne doit pas être uniquement la même pour tous les cafés. Sous l'action de la chaleur, la fève se gonfle, dégage une odeur *sui generis*, aromatique, et son volume augmente dans une proportion qui est généralement comprise entre 1,50 et 1,60, quoique pour certains cafés elle atteigne 1,75.

La perte au brûloir doit varier avec le degré de siccité du café. Pour atteindre le degré de torréfaction convenable pour les cafés secs, il ne convient pas que cette perte dépasse 0,13 à 0,15 ; mais elle peut s'élever à 0,18 pour certains cafés encore jeunes, sans que pour cela ils paraissent trop brûlés. Le goût particulier des consommateurs exerce d'ailleurs une grande influence sur cette proportion. Cependant, nous devons ajouter que, quand la perte dépasse les chiffres précédents et atteint 0,18 à 0,20 et plus, le café prend une couleur noire et une apparence huileuse qui donne, peu de temps et surtout quelques jours après l'opération, lieu à la formation de gouttelettes huileuses susceptibles de tacher le papier. Le café ainsi torréfié fournit une infusion plus forte, mais d'un goût amer et d'autant plus âcre que l'opération a été poussée plus loin. Il ne convient pas d'ailleurs de brûler le café ni de le conserver brûlé plusieurs jours avant de le consommer, parce que, même quand il n'a été torréfié qu'au degré convenable, il s'en dégage peu à peu un principe huileux, qui, en s'altérant à l'air, lui communique un mauvais goût. Quand le café a été convenablement torréfié dans les proportions indiquées ci-dessus, la dose convenable pour une tasse ordinaire d'un décilitre de capacité est de 25 grammes, ce qui, quand il est moulu, correspond à un volume d'un peu moins d'un décilitre. La proportion d'eau est pour une seule tasse d'environ un décilitre et demi, y compris celle qui reste absorbée par le marc; pour plusieurs tasses, elle peut être un peu moindre [1].

Enfin, l'on doit recommander de n'employer pour l'infusion que de l'eau à une température un peu inférieure à celle de l'ébullition, de ne se servir que de vases en faïence, en porcelaine ou en verre; ce qui exclut l'usage des cafetières en métal et celui des appareils à vapeur trop préconisés.

C'est dans les conditions que l'on vient d'indiquer qu'ont été faits les essais de dégustation dont on va rendre compte, et qui ont eu particuliérement pour objet la comparaison des cafés parvenus à un état de siccité convenable pour éviter autant que possible l'influence fâcheuse du goût de vert, qui aurait fait classer défavorablement des cafés de très bonne qualité, mais pas assez vieux.

Dégustation des cafés.

Pour procéder à la dégustation des nombreuses variétés de café que nous nous proposions d'examiner, nous n'avons pas voulu, M. Péligot et moi, nous en rapporter à nos appréciations personnelles et nous avons réclamé le concours d'amateurs et de consommateurs industriels expérimentés et éclairés eux-mêmes par le public.

En conséquence, dans une première série d'essais [2] faits au printemps de 1876, nous nous sommes réunis à MM. Laborie, médecin, Heuzé, de la Société centrale d'agriculture, Bignon et Magny, chefs de deux grands établissements de consommation, et, dans plusieurs séances, nous avons cherché à nous rendre

---

1. D'après ce dosage on voit qu'au prix de 4 francs le kilogramme de café non brûlé, la tasse d'un décilitre revient à 12 centimes.

2. La dose employée dans ces essais a été de 25 grammes de café torréfié par tasse d'un décilitre.

compte des qualités relatives des vingt-trois variétés les plus complètement sèches de café dont nous pussions disposer pour le moment.

Mais, pour une partie de ceux du Brésil, parmi lesquels se trouvaient les plus renommés, qui n'étaient que de la récolte du printemps de 1875, les appréciations naturellement moins certaines n'ont pu à cette époque être que provisoires, et n'ont été produites qu'à titre de renseignements dans une première rédaction de cette note. Nous nous réservions d'y revenir plus tard, quand ils seraient parvenus à un degré convenable de dessiccation, ou quand nous aurions reçu de nouveaux échantillons plus vieux des mêmes cafés.

Grâce à l'obligeance de M. le commandant Rocha Leao, de la province de Rio, municipe de Rezende, de MM. Friburgo et fils, de la même province, municipe de Cantagallo, et de M. le baron dos tres Rios, de la province de San-Paolo, Campinas, ce désir a été très largement satisfait, et nous avons reçu, outre les premiers envois, les variétés suivantes :

1° De M. le commandant Rocha Leao, des cafés des récoltes de 1875 et de 1876. Les premiers ayant déjà un commencement de dessiccation soit naturelle, soit artificielle, conservaient encore un peu l'apparence verdâtre des cafés jeunes. Leur densité gravimétrique était respectivement de 649 gr. et 663 gr.

2° De MM. Friburgo et fils, des cafés des années :

	1866.	1867.	1868	1870.	1871.	1872.	1873.	1875.
Ayant les densités gravimétriques de...	627	637	618	616	622	640	631	661

Moyenne...................... 623

3° De M. le Baron dos tres Rios, de Campinas, des cafés de :

	1874.	1875.	1876.
Ayant les densités gravimétriques,	515 gr.	623	627

Ces derniers cafés, d'un jaune pâle, semblaient au premier coup d'œil parfaitement secs, et quelques grains portaient l'indice d'une dessiccation artificielle.

Une circonstance accidentelle m'avait, en outre, procuré un échantillon parfaitement authentique du meilleur café Martinique, envoyé en présent à monseigneur l'évêque de Grenoble, récemment revenu de cette colonie.

A l'aide de ce supplément, relatif à des variétés justement renommées et antérieurement très appréciées dans les expositions universelles, il m'a été possible de compléter les comparaisons antérieures.

Quoiqu'il n'existe, à vrai dire, au point de vue de l'arome, de différence bien prononcée que pour les cafés Moka, nous partagerons cependant les cafés dégustés en deux classes.

DÉGUSTATION. — *Cafés secs ayant un arome prononcé.*

PROVENANCE.	AGE depuis la récolte.	OBSERVATIONS.
Moka....................	au moins 46 ans.	Donné en 1829 à l'amiral de Rigny après le combat de Navarin. Assez bien récolté, a conservé son arome, sa finesse de goût et a été trouvé très bon.
Moka....................	environ 12 ans.	Donné en présent à M. Bignon, par un consul à Alexandrie. A conservé son arome et a été trouvé très bon.
Moka de Zanzibar....	2 à 3 ans.	Fourni par la Compagnie du café de Zanzibar, très bien trié, pas encore assez sec. A été trouvé très bon.
Moka de Zanzibar....	5 à 6 ans.	Donné par les Missionnaires de la côte d'Afrique, mêlé de grains irréguliers. Très bon.
Moka, acheté à Aden.	3 ans.	Fourni par la Compagnie des Messageries maritimes, mêlé de grains irréguliers. Très bon.
Brésil, de Rezende, de M. Rocha-Leao.	2 ans.	Ce café, quoique encore trop jeune, a été torréfié à 0.14 et 0.15 de perte au brûloir. Il a été comparé à diverses reprises et concurremment à doses identiques de café et d'eau, au Moka, au Martinique et au Bourbon. 1° Par rapport au Moka, il a paru posséder un arome un peu moins fin, mais très agréable, très franc, et il a fourni, à dose identique, une infusion plus forte. 2° Par rapport au Martinique, le café de M. Rocha Leao, fournit une infusion plus forte, d'un goût très agréable et très prononcé. 3° Par rapport au Bourbon, ce même café a donné une infusion aussi forte, mais ayant plus d'arome.
Brésil, de Cantagallo de MM. Friburgo et fils.	depuis 2 ans jusqu'à 11 ans.	Ce café dont on avait des échantillons d'âges très divers, a été torréfié à des degrés qu'on a dû faire varier un peu avec l'âge. Celui de 11 ans d'âge, torréfié à 0.12 ou 0.13 de perte, semble un peu trop brûlé; celui de 6 à 7 ans, peut l'être à 0.15; celui de 2 ans à 0.16. Il a été comparé au Martinique et a été trouvé au moins aussi agréable comme arome. Il donne une infusion plus forte. Par rapport au Bourbon, il a plus d'arome et de force.
Martinique...........	très sec.	Très bien récolté; très bon.
Ceylan.............	très sec.	Très bien récolté; très bon.
Brésil, café amarello.	18 mois.	Ce café amarello, a baies jaunes, remis par M. Guimaraës, est très bien récolté. Il est très bon et a de l'arome.
Nossi-Bé............	très sec.	Café cultivé; remis par la direction des Colonies. Bien récolté, bon et fin.
Brésil, province de Rio.	1873.	Donné par M. de Nioac. Bien récolté, paraît encore un peu jeune; bon, a de l'arome, et peut être mêlé avec des cafés doux pour en relever le goût.
Nouvelle-Calédonie...	très sec.	Assez bon, a de l'arome.

DÉGUSTATION. — *Des cafés doux, secs.*

PROVENANCE.	AGE depuis la récolte.	OBSERVATIONS.
Réunion (Saint-Leu)..	1869.............	Très bien récolté; d'un goût très fin et agréable.
Id.	1874.............	Très bien récolté; très bon quoiqu'encore jeune.
Brésil (Province de Rio)	1872.............	Remis par M. Guimaraès, très bien récolté; très sec, d'un goût franc et agréable.
Id. nº 16...	1867 (8 ans).....	Très bien récolté; très sec, goût franc et agréable.
Campinas (M. le Baron dos tres Bios).....	de 4 ans et d'un an	Ce café en apparence très sec, quoiqu'encore jeune, a été brûlé à 0.15 de perte, ce qui a paru dépasser le degré convenable. Il a de l'arome.
Brésil, de Santo Paulo Campinas, nº 17...	1871 (4 ans).....	Très bien récolté; très sec, goût franc et agréable.
Brésil (Santos-Païva), nº 18.............	1872 (3 ans).....	Très bien récolté; sec, goût franc et agréable.
Brésil (Province de Rio)	1874.............	Café Vermelho, remis par M. Guimaraès, sec, goût franc et agréable.
Brésil (nº 10), Capitania de Spiritu Santo...	1875.............	Très bien récolté; très sec, probablement desséché artificiellement, goût franc et agréable.
Vénézuéla.............	1865.............	Café rond, n'ayant qu'une fève; goût doux et agréable.
San-Salvador........	1873.............	Café rond, n'ayant qu'une fève; goût doux et agréable.
Guadeloupe...........	1873.............	A peu près sec, médiocrement récolté; goût doux, mais faible.
Java.................	1873	Très sec, médiocre.
Cochinchine.	1873.............	Très sec, médiocre.
Rio-Nunez...........	1873.............	Très sec, médiocre.
Gabon.	1873.............	Très sec, mauvais.
Nossi-Bé (sauvage)...	1873.............	A petits grains ronds, à une seule fève; très sec, très mauvais.

DÉGUSTATION. — *Cafés encore trop jeunes.*

PROVENANCE.	AGE depuis la récolte.	OBSERVATIONS.	
Brésil (Minas Geraës de Juiz de Fora)......	1875...........	Très bon, quoiqu'encore un peu jeune.	
Haïti { de St-Marc... des Cayes... du Cap....... }	1874 (2 ans).....	Encore trop jeune.	{ Doux, mais médiocre. Très médiocre. Médiocre, a un peu d'arome. }

CONCLUSIONS.

L'état d'avancement de la chimie organique ne nous ayant pas permis malheureusement de tirer de cette étude, que nous poursuivons depuis deux ans, des conséquences positives quant à la composition même des différents cafés, nous sommes réduits, comme on le voit, aux résultats des appréciations personnelles que nous avons pu en faire par des dégustations attentives. Mais en cette matière, comme en tant d'autres, les goûts sont divers. Je me contente d'indiquer comme pouvant résulter des tableaux précédents les conséquences suivantes :

1° Les cafés de l'Arabie et de la côte occidentale d'Afrique, désignés sous le nom générique de café moka, sont ceux qui ont l'arome le plus fin et le plus prononcé. Mais on a vu qu'en 1875 ces contrées n'en fournissaient réellement à la France que 0,034 de la consommation.

2° Certains cafés du Brésil, tels que ceux de Rezende, de M. Rocha Leao, de Cantagallo, de MM. Friburgo et fils, et la variété dite café amarello, ainsi que le café cultivé à Nossi-Bé, ont un arome égal à celui de la Martinique, dont la production est réduite aujourd'hui à moins de 0,001 de la consommation de la France, et ne peut en réalité exercer aucune influence réelle sur le marché.

3° Parmi les cafés doux, que préfèrent certains consommateurs, celui de l'Ile de la Réunion paraît encore le plus délicat, mais la quantité qui en parvient en France s'élevant à peine à 0,005 de la consommation intérieure, il en résulte évidemment que, sous le nom de café de la Réunion, il s'en vend beaucoup qui proviennent d'autres pays.

4° Le plus grand nombre des cafés du Brésil suffisamment secs qui ont été essayés sont très bien récoltés, d'un goût franc, très agréable, et peuvent être acceptés par la consommation comme les équivalents du café de la Réunion.

Ils ont paru supérieurs à tous les cafés provenant des autres contrées de l'Amérique.

5° Les essais de culture de la variété de café à baies jaunes, dite amarello, pour la distinguer de celle à baies rouges, nommée vermelho, semblent devoir être encouragés et poursuivis. Si son arome prononcé et sa fécondité supérieure se maintiennent quand il sera cultivé en grand, dans des terrains riches et fertiles, cette variété paraît devoir contribuer à augmenter notablement la production du pays et la bonne réputation des cafés du Brésil.

En résumé, en dehors des cafés d'Arabie, de la Martinique et de la Réunion, qui, comme nous venons de le rappeler, n'entrent réellement ensemble que pour moins de 0,04 dans la consommation de la France, ce sont les cafés du Brésil qui méritent la préférence de notre commerce, non seulement à cause des soins avec lesquels ils sont récoltés, mais encore par leur bonne qualité.

NOTE ADDITIONNELLE

SUR LA

DESSICCATION DES CAFÉS

Juillet 1879

La préférence que les consommateurs français accordent avec raison aux cafés secs est si générale, qu'il m'avait paru de quelque intérêt de rechercher les moyens de faire acquérir promptement aux cafés verts la qualité que l'on apprécie dans ceux qui ont déjà quatre ou cinq ans depuis la récolte.

Cette recherche, dont l'utilité était assez grande pour les consommateurs, en a malheureusement moins pour le commerce français, qui, ainsi que je m'en suis assuré, fait peu ou point de différence, quant au prix, entre les cafés vieux et les cafés nouveaux.

Cette indifférence du commerce à cet égard a donc rendu, pour le moment du moins, à peu près inutiles les expériences que j'ai poursuivies depuis plusieurs mois, à ce sujet, avec le concours empressé de M. Groult, habile fabricant de pâtes alimentaires à Paris.

Mais le goût du public peut se perfectionner, et le jour où il serait certain de trouver toujours dans des magasins connus, avec les noms des lieux de provenance et ceux des producteurs, les premières qualités de cafés du Brésil, suffisamment vieilles, sèches et exemptes du goût de vert, il paraît probable qu'une clientèle plus nombreuse serait assurée à ces produits, qu'on cesserait peu à peu en France à se laisser induire en erreur sur les lieux d'origine et que les bons cafés du Brésil y obtiendraient, sous leur véritable nom, la faveur qu'ils méritent.

C'est ce qui m'a engagé à faire connaître, dès à présent, les essais suivis de succès que j'ai tentés pour parvenir à faire acquérir à des cafés nouveaux, sans altérer en rien leur qualité, la douceur et la finesse de goût des plus vieux.

Effets de la dessiccation naturelle.

J'ai fait voir, dans une précédente note sur les cafés, rédigée en 1876, que la comparaison des densités de ceux qui avaient été produits dans les cultures de MM. Friburgo et fils, pendant les années 1866-67-68-70 et 71, avec les densités des cafés nouveaux de 1875, conduisait à reconnaître que le poids du décimètre cube diminuait assez régulièrement par l'effet de la dessiccation naturelle, pendant les quatre ou cinq premières années, et qu'après ce laps de temps il devenait stationnaire.

Le café de 1875, par exemple, pesait en moyenne 704 grammes au litre et son poids s'abaissait au bout de quatre ans à 625 grammes environ, ce qui correspondait à une diminution de 79 grammes ou 0,11 de sa densité primitive.

J'ai montré aussi qu'en perdant de son poids, le café était débarrassé complètement du goût de vert si désagréable qu'offrent les cafés nouveaux et qu'il avait acquis toute sa qualité.

De même le café plat à petits grains de M. Rocha-Leao, de la récolte de 1875, examiné en 1879, c'est-à-dire après quatre ans de récolte, a aussi perdu 0,11 de son poids de 1875 et est également alors devenu fort bon.

Tout récemment encore, ayant reçu en même temps du café nouveau de la récolte de 1878, d'apparence verdâtre très prononcée et du café lavado de la récolte de 1867, provenant tous deux des propriétés de M. le baron de Sapucaïa, j'ai également constaté que, par l'effet de la dessiccation naturelle, ce café avait perdu 0,11 de sa densité primitive; que celui de 1867 était très bon, tandis que celui de 1878 avait un goût de vert très désagréable.

De l'ensemble de ces résultats, observés sur des cafés d'époques et de plantations différentes, il résulte cette conséquence importante que :

Par l'effet d'une dessiccation naturelle, prolongée pendant quatre ans environ ou plus longtemps encore sans inconvénient, le café nouveau perd en moyenne 0,11 de son poids primitif et acquiert alors seulement la bonne qualité que le consommateur français recherche.

Je dois toutefois faire remarquer que tous les résultats précédents sont relatifs à des cafés plats.

Les cafés ronds, dont le grain est presque complètement entouré par cette enveloppe dure qu'on nomme quelquefois le parchemin, se dessèchent beaucoup plus lentement, changent moins de couleur et conservent beaucoup plus longtemps le goût de vert; c'est ce que j'ai constaté en comparant, en 1879, le café rond de 1875 récolté chez M. Rocha-Leao avec le café plat du même producteur et de la même récolte.

Si la petitesse de son grain le rapproche de la grosseur de ceux du moka, dont on lui donne à tort le nom et dont il n'a nullement la forme ni la couleur, c'est donc avec raison que le commerce brésilien, malgré cette usurpation de nom, ne le classe, comme qualité, qu'au troisième rang.

En résumé, il résulte des observations précédentes que, pour que les cafés nouveaux acquièrent leur meilleure qualité, il faut et il suffit que, par l'évaporation des huiles essentielles qui leur donnent le goût de vert si désagréable, quand ils sont trop jeunes, ils aient perdu 0,11 environ de leur poids.

Tel est le but que je m'étais proposé d'atteindre dans la recherche d'un procédé de dessiccation artificielle; mais il fallait en même temps que, par l'application de ce procédé, le goût agréable de la fève ne fût pas plus altéré que par la dessiccation naturelle.

Or, celles-ci s'évaporant à l'air libre ou dans des locaux dont la température atteint rarement en France, et ne dépasse guère 30 à 35° au Brésil, la prudence conseillait de dessécher le café dans des étuves dont la température ne dépassât pas notablement ces limites et de suppléer à un excès de chaleur par une ventilation abondante, qui produisit le même effet qu'une longue exposition à l'air.

M. 3

De premiers essais, exécutés en 1876 à l'usine de M. Groult, à Vitry, près Paris, m'avaient déjà montré que le résultat désiré pouvait être atteint à la température de 70 à 75° avec une diminution de densité de 0,10 environ et même à la température de 30 à 35°.

La confirmation de ces résultats, par des expériences exécutées en grand, sur des quantités notables de café, m'ayant paru d'une certaine importance, j'ai eu de nouveau recours à l'obligeance de M. Groult, qui a bien voulu mettre ses étuves à ma disposition, et j'ai demandé à M. d'Oliveira de me donner, pour les exécuter, deux sacs de café de 60 kilogrammes chacun.

Ces cafés provenaient, l'un, des cultures de M. Antonio Camargo, Campos, de Belem, de Desclavado; l'autre, de celles de M. Antonio Moreira Lima, d'Itatiba. Tous deux étaient de la récolte de 1877, et faisaient partie de l'envoi du club de Lavoura, qui a figuré à l'Exposition de 1878.

Le programme des expériences à faire était réglé comme il suit, et il a été exactement suivi :

Expériences de dessiccation à faire sur des cafés de deux années de récolte.

« Le café sera étendu sur les cadres ou claies à l'épaisseur de « 0^m,02 environ.

« La température de l'étuve sera de 30° à 35° centigrades.

« La ventilation aura l'activité normale de l'usine.

« Des échantillons d'un litre chacun seront prélevés sur les « cafés :

« 1° Avant l'étuvage;
« 2° Après quatre jours d'étuvage continu;
« 3° Après huit jours d'étuvage continu;
« 4° Après douze jours d'étuvage continu;
« 5° Après seize jours d'étuvage continu;

« On déterminera pour chacun de ces échantillons la densité « ou le poids de 1 décimètre cube, rempli sans tassement, et l'on « procédera ensuite à des observations de dégustation sur ces « cafés torréfiés au même degré apparent de coloration.

Les résultats de ces expériences ont été les suivants :

Effets de la dessiccation artificielle sur des cafés de Sao-Paulo,
1876-1877.

DURÉE de la DESSICCATION.	DENSITÉ ou poids du litre.	DIFFÉRENCE à la densité primitive	PERCENTAGE de la perte.	OBSERVATIONS.
Nulle ou avant l'étuvage....	gr. 632	gr. »	»	
Quatre jours..	644	»	0.000	
Huit jours....	582	56	0.086	
Douze jours...	546	72	0.113	En apparence très sec.
Seize jours, ..	570	68	0.106	Id.

L'on voit par les chiffres qui précèdent :

1° Qu'un étuvage de quatre jours n'a pas produit de changement sensible dans la densité ;

2° Qu'après huit jours, cette densité a diminué d'environ 0,086 ou 8.6 pour 100, et qu'à partir du douzième jour elle est devenue à peu près stationnaire, après avoir subi une diminution d'environ 11 pour 100, identique à celle que produit la dessiccation à l'air libre, après un intervalle de quatre années écoulées depuis la récolte.

L'on voit enfin que, pour les cafés analogues et récoltés depuis deux ans, il ne paraîtrait point nécessaire de prolonger l'opération au delà du douzième jour, au point de vue de la dessiccation et qu'il n'en résulterait d'ailleurs que peu ou point d'augmentation dans la perte.

Il restait à reconnaître si cette dessiccation artificielle avait eu pour résultat d'améliorer la qualité et surtout de faire disparaître le goût de vert.

A cet effet une dégustation comparative a été faite, le 26 février, entre le café non étuvé, encore vert, et brûlé à 0,15 de perte au brûloir, proportion convenable pour le café vert et le café étuvé pendant douze jours et nuits, en apparence très sec et brûlé à 0,08 de perte au brûloir ; ce qui l'avait amené, aussi exactement que possible, à la même teinte marron clair que l'autre.

La dégustation a montré que le goût de vert avait complètement disparu de l'échantillon étuvé et ventilé pendant douze jours, et que le café ainsi traité pouvait être rangé parmi les meilleurs.

L'étuvage ayant été prolongé conformément au programme jusqu'au terme de seize jours, de nouvelles épreuves de dégustation comparative ont été faites :

1° Avec le café vert non étuvé et celui qui l'avait été pendant seize jours; ce qui a constaté, de nouveau, la disparition du goût de vert;

2° Entre les échantillons étuvés, l'un douze jours, l'autre seize.

Cette dernière épreuve n'a pas permis d'apprécier la moindre différence de goût et de qualité entre les deux échantillons; ce qui prouve, comme l'observation de la densité, qu'une durée de douze jours, dans les conditions où l'on a opéré, est bien suffisante pour atteindre le but proposé.

Nous ajouterons que les deux cafés fournis à ces expériences se sont montrés également bons après l'étuvage, qui a permis de les déguster dans des conditions favorables.

Comparaison du café plat et du café rond de M. Rocha-Leao.

En parlant des effets de la dessiccation naturelle, j'ai indiqué que les cafés ronds paraissaient beaucoup plus réfractaires à ses effets que les cafés plats, et il m'a semblé bon de comparer sous ce rapport ces deux variétés sur des cafés provenant du même producteur, M. Rocha-Leao, de la même récolte de 1875, et des mêmes arbres, puisqu'on sait que le café rond n'est pas une variété, comme j'avais été précédemment induit à le supposer, mais qu'il est le résultat de la cueillette faite sur les rameaux supérieurs.

Après avoir constaté que le café rond de la récolte de 1875 de ce producteur avait encore, en 1879, la même densité; tandis que le café plat de la même année avait à la dernière date perdu 10 ou 11 pour 100 de son poids primitif, j'ai procédé à une dégustation comparative en faisant torréfier les deux échantillons au même degré. Les résultats ont été les suivants :

Le café rond, torréfié à 0,14 de perte au brûloir, couleur marron clair, avait encore conservé un goût de vert peu agréable.

Le café plat, torréfié à 15 pour 100 de perte au brûloir et de même couleur a été trouvé très bon, ainsi que déjà de nombreux amateurs l'ont constaté chez moi.

Ces essais, rapprochés de la permanence de densité, montrent que la présence de l'enveloppe parcheminée, qui entoure complètement la fève proprement dite des grains ronds, est un obstacle à leur dessiccation et nuit par conséquent à leur qualité.

C'est donc, je le répète, avec raison que le commerce du Brésil dans la classification des qualités de café met :

Au premier rang, le café plat à très petits grains, *mindinho*;

Au deuxième rang, le café plat à grains moyens, *regular*;

Au troisième rang, le café à grains ronds, quoiqu'il le désigne sous le nom de *moka*;

Au quatrième rang, le café plat à gros grains, *grando*.

Expériences de dessiccation artificielle sur des cafés de la récolte de 1878.

Les essais dont on vient de parler ont été faits sur des cafés de la récolte de 1876-77 envoyés, en 1878, par le club de Lavoura et qui avaient par conséquent déjà, en février et mars 1879, environ deux ans d'âge depuis la récolte.

Il m'a semblé que, pour donner aux procédés de dessiccation artificielle toute la valeur dont ils étaient susceptibles, il était nécessaire de les répéter sur des cafés aussi nouveaux que possible.

L'occasion m'en a été gracieusement offerte par M. le comte d'Eu, qui a mis à ma disposition des échantillons de café plat et de café rond provenant de la récolte de 1878 faite sur les propriétés de M. le baron de Sapucaïa, province de Rio, et un échantillon de café du même producteur, récolté en 1867, c'est-à-dire ayant douze ans.

M.   3*

Il m'a donc été possible d'abord de constater, comme je l'ai indiqué plus haut :

1° Que la perte de densité par l'effet de la dessiccation naturelle était pour ces cafés, comme pour les autres, de 0,11 ; terme auquel elle s'arrêtait ;

2° Que ces cafés vieux étaient d'excellente qualité, d'un goût très agréable, et devaient être classés parmi les cafés doux.

Comparaison des cafés secs (1867) de M. le baron du Sapucaïa avec d'autres cafés secs du Brésil.

Les premières comparaisons des cafés secs *(lavado)* de M. de Sapucaïa ont été faites avec des cafés de M. de Rocha-Leao de 1875 et avec des cafés de Campinas de la même année.

Brûlées au même degré, ces trois variétés ont été trouvées également bonnes, mais il m'a semblé que le café lavé avait un peu moins de force que les deux autres.

Effets de l'étuvage ordinaire.

Ce qui m'importait, pour les nouveaux essais que je me proposais de faire, c'était de reconnaître les effets comparatifs de la dessiccation naturelle et de celle qu'on peut obtenir artificiellement, sans nuire en rien à sa qualité, pour amener rapidement des cafés tout à fait nouveaux au même état que ceux qui sont vieux de quatre ans au moins.

De premiers essais ont été faits comme les précédents avec cette seule différence que la température de l'étuve a été portée en moyenne à 45° ou 50° au lieu de 30° à 35°. Ils ont donné les résultats suivants :

L'étuvage à la température de 40° à 45° a été successivement prolongé jusqu'à 36 jours, mais il n'a pas paru avoir d'effet, quant à la diminution de la densité.

En ce qui concerne la couleur, elle a également peu varié ; quoiqu'elle ait paru moins verdâtre.

A la dégustation, le café étuvé pendant 36 jours semblait avoir perdu presque entièrement le goût de vert du café nouveau.

Mais, en résumé, une dessiccation suffisante par la simple

exposition dans l'étuve paraîtrait exiger un temps trop prolongé par rapport au résultat obtenu.

Dessiccation artificielle. — Cafés Sapucaïa seuls.

La résistance à la dessiccation dans les étuves ordinaires de ces cafés nouveaux, qui ne m'étaient pas indiqués comme ayant été obtenus par le procédé de lavage, étant très grande, j'ai dû me proposer de chercher à apprécier l'effet que ce procédé pouvait exercer sur la qualité et sur l'état de séchage du produit.

Expériences de dessiccation artificielle sur des cafés préalablement mouillés.

En effet, l'usage de débarrasser le café de sa pulpe, en faisant macérer les fruits par l'eau pendant quelque temps et à l'aide duquel on obtient pour le produit cette variété qu'on désigne sous le nom commercial de café lavé n'est, à ce qu'il paraît, pratiqué que par quelques producteurs de la province de Rio. J'ignore s'il l'est par ceux de Sao-Paulo, dont aucun des échantillons envoyés par le club de Lavoura n'en porte l'indication.

Les cafés ainsi préparés ne m'ayant offert dans les essais antérieurs aucune différence notable de grains avec les autres, j'ai cru pouvoir en conclure que l'immersion dans l'eau pendant un certain temps n'altérait pas le goût, si elle était toutefois suivie d'une dessiccation immédiate pour éviter tout effet de fermentation.

D'un autre côté, le but que je me proposais étant d'accélérer, s'il était possible, cette dessiccation, j'ai pensé qu'il pourrait être utile de la faciliter en ramollissant un peu l'enveloppe extérieure dure et peu perméable à l'air des grains des cafés verts, par une macération de quelques heures dans l'eau modérément chauffée, avant de les faire passer à l'étuve.

Cette opération préalable m'a paru mériter d'être essayée surtout sur des cafés ronds dont la fève complètement enveloppée ne se dessèche que beaucoup plus lentement.

En conséquence, deux échantillons de 2 kilogrammes chacun

de M. le baron de Sapucaïa de la récolte de 1878, encore très
verts ont été trempés pendant vingt-quatre heures dans l'eau,
d'abord chaude, puis graduellement refroidie, jusqu'au lende-
main, et mis à l'étuve le surlendemain, à une température
moyenne de 40° à 45°.

Ils y sont restés douze jours, mais, la ventilation n'ayant eu
lieu que dans la journée, ils n'ont été soumis au courant d'air
que 144 heures.

Ils ont été ensuite comparés, quant à l'apparence et au goût,
non seulement au café de 1878 de même provenance, lequel
avait exactement le même aspect que tous les cafés du même
âge, mais principalement au café sec de la récolte de 1867, vieux
de douze ans. Voici les résultats de cette expérience.

Les 2 kilogrammes de café de chacune des variétés ont ab-
sorbé par l'immersion la même quantité d'eau ; soit 1 kil. 360
ou 0.68 de leur poids.

Après l'étuvage, l'eau absorbée ayant été évaporée, le café plat
qui avait séjourné douze jours à l'étuve, avait perdu 0,090 de sa
densité gravimétrique et le café rond 0,065 seulement. Ce dernier chiffre semblerait montrer que le café rond aurait dû être
maintenu plus longtemps à l'étuve, mais la dégustation n'en a
pas indiqué la nécessité.

L'apparence que le café lavado de 1867, parfaitement sec, pré-
sentait avant son passage au brûloir, m'avait paru assez différente
de celle des cafés ordinaires du même âge dont la couleur ordinaire est jauneclair. Il était plutôt de couleur jaune brun plus
ou moins foncée et inégale.

Mais après l'étuvage, les deux échantillons de café vert
de 1878, trempés à l'eau chaude, ont présenté à très peu près
exactement la même coloration et le même aspect que ce café
lavado de 1867 desséché naturellement.

Conséquences de ces expériences.

Cette identité montrait que le trempage des pulpes pour les
séparer des fèves a, comme le trempage à l'eau chaude que j'ai
essayé, l'avantage d'accélérer la dessiccation sans altérer la
qualité.

Il y aurait donc lieu d'en conclure qu'il est fort à désirer que le procédé de lavage devienne général, puisqu'après un temps moindre le café acquiert toute la qualité que lui donne la dessiccation naturelle quatre années après la récolte.

Cette conclusion est d'ailleurs conforme à l'appréciation du commerce qui, sans se rendre compte de l'effet que nous signalons et n'appréciant probablement que l'amélioration d'aspect que l'ensemble du procédé donne au produit, le cote toujours à un prix plus élevé que les autres variétés.

Effet d'un simple trempage à l'eau chaude sur des cafés nouveaux.

Enhardi par les résultats précédents qui pourraient encourager le développement du procédé de lavage des pulpes dans les pays de production, je me suis demandé si un trempage peu prolongé des cafés nouveaux ou verts, pratiqué aux lieux même de consommation peu de moments avant la torréfaction, n'aurait pas un effet analogue, sans que l'on fût obligé de recourir à l'étuvage.

Mais l'expérience a montré qu'un simple trempage de dix-heures et même de trente-six heures dans l'eau chaude à température moyenne ne suffisait pas pour faire disparaître le goût de vert, quoiqu'il ait paru le diminuer un peu.

Quel que soit le parti que l'on veuille tirer de ces expériences et sur lesquelles je ne me permettrai pas d'insister, elles me semblent démontrer que les procédés de préparation des cafés au moment de la récolte par le lavage immédiat des fruits et par le travail à eau courante, qu'il subit ensuite pour le débarrasser complètement de la pellicule du fruit, ont pour effet général de faciliter notablement la dessiccation, soit naturelle, soit artificielle de la fève, et de lui donner pour les consommateurs français la qualité qu'ils recherchent en général, celle de cafés doux, exempts du goût de vert des cafés nouveaux.

L'art pourrait donc dans certains cas, et en peu de jours, suppléer aux effets que le temps ne produit qu'après quelques années.

Paris. — Impr. E. CAPIOMONT et V. RENAULT, rue des Poitevins, 6.